童话数学
儿童数学启蒙图画书

暗岛国之光

· 逻辑推理 ·

国开童媒 编著　崔晋京 文　哇哇哇 图

国家开放大学出版社出版　国开童媒（北京）文化传播有限公司出品

北 京

在遥远的大洋南边有一个受到诅咒的暗岛国。那里长年处于黑暗之中。

王子阿冰终于成
年了，他决心在自己
的成人礼这天出发，
**去寻找传说中给这个王国
施咒的女巫，**

为暗岛国找回光明。

传说女巫住在混乱谷。关于混乱谷，暗岛国一直流传着一首歌谣：

混乱谷没规矩，比魔鬼杉高，比格格岭低；

混乱谷坏脾气，大于鳄鱼之泪，小于水晶之眼。

混乱谷究竟在哪儿呢？阿冰身上唯一的线索就是长老给他的一张地图，可惜因为收藏的时间太久，地图上的字迹都磨损不见了。

暗岛国一面临海，另一面被云杉林环绕着。阿冰打算先进入云杉林，找到魔鬼杉。

"云杉林里一共有81棵云杉，哪一棵是魔鬼杉呢？"

松鼠杰克听到了阿冰的自言自语，它小声说："魔鬼杉100米，九九交叉在正中。"

阿冰感激地朝松鼠杰克望去，可是它"咻溜"一下消失得无影无踪。

小贴士：小朋友，你知道哪一棵是魔鬼杉吗？快帮阿冰指出来吧。（答案见第31页）

阿冰循着松鼠杰克的提示找到了魔鬼杉。他爬上树顶，对照着手里的地图往远处看。

云杉林外有两个湖、三座山，长老说过，三座山中最高的是雪雪山，其次是格格岭，最矮的是乌乌山。

"混乱谷在哪座山里呢……**比魔鬼杉高，比格格岭低**……"

阿冰默念着歌谣，嘴角露出了微笑。

"看来要到达混乱谷，地图上的两个湖是必经之地，那大概就是鳄鱼之泪和水晶之眼吧！"阿冰心想。

通向湖的路一共有三条：一条路比另外两条路长，一条路比另外两条路短。长老提醒过阿冰别走距离最短的那条路，因为路上会遇到可怕的食人蚁。

于是，阿冰选了既安全又相对快的那条路。

小贴士：你能指一指阿冰选的是哪一条路吗？
（答案见第31页）

11

很快，阿冰来到了第一个湖岸边。迎接阿冰的是蓝鳄鱼、绿鳄鱼和灰鳄鱼。

蓝鳄鱼流着眼泪说："不要过去，对岸有怪兽会吃了你。"

绿鳄鱼流着眼泪说："你过不去，湖里有怪兽会吃了你。"

灰鳄鱼张着大嘴说："没有怪兽，是我们要吃了你。"

阿冰想起长老叮嘱过他千万不要相信鳄鱼的眼泪，他看着三条鳄鱼，计上心来。

"你们排成一列，我踩踩你们的头就知道谁在说谎了。如果我猜错了，我给你们再带几个人来吃。"

鳄鱼们觉得阿冰肯定猜不对，纷纷爽快地闭上嘴、低下头。

阿冰顺势向前一跃，咚咚咚，踩着鳄鱼的头跳到了对岸，回头冲它们做了个鬼脸，说："灰鳄鱼说的是真话！"

这时候鳄鱼们才知道自己上当了！

逃过鳄鱼兄弟的大嘴，阿冰来到了水晶之眼。这片蓝蓝的湖面上漂浮着11片水晶。

一个小精灵小声地对阿冰说："还差一片就能把桥搭好了，可是我得走了……**一定要按规律拼，不然水晶桥会沉没的。**"

没等阿冰回过神来，小精灵已经慌慌张张地飞走了。

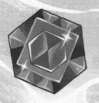

小贴士： 小朋友，你能代替小精灵，帮助阿冰拼出最后一片水晶吗？（答案见第31页）

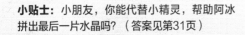

阿冰又顺利地闯过了一关，现在他来到了一座山脚下。

让他感到奇怪的是，时间应该已是夜晚，可是这里依然一片光明，仿佛黑夜从不曾笼罩这里。

阿冰一边环顾四周，一边小心地往一处山谷走去。
"这里应该就是乌乌山吧，可是混乱谷会在哪里？这里看着一点儿也不混乱。"

"哪里来的孩子？跑到乌乌山来做什么？"

阿冰回头一看，是个满头白发的老婆婆，他心想这大概就是自己要找的女巫吧。

没等他开口，女巫又说话了："你是来找回光明的吧？哼！真是小气，我讨厌黑暗，从你们那儿借了几年的光明来照亮我这乌乌山，这么快就来要回去！你自己去找吧，找得着就让你带回去。"

阿冰这一路本来准备了许多恳求
的话，听女巫婆婆这么一说，他现在只
剩了一句话："您要说话算话
哦！"说完，他就满山谷
地找了起来……

忽然，阿冰好像想到了什么，他停下脚步，抬起头，望向天空中那颗"太阳"。

女巫"哇"地一声哭了："怎么这么容易就让你给找着了？"

阿冰扶起女巫婆婆对她说："我知道在大洋的最北边有一个不夜岛，如果您想住在一个没有黑夜的地方，或许那里很适合您。"

真的?!

就这样，阿冰和女巫一起去往了不同的地方，一个要把光明带回家，一个要去寻找永恒的光明。

对了，婆婆，忘了问您，为什么这里叫做混乱谷啊？

哈哈哈哈！因为我叫混乱女巫啊！

喵

　　王子阿冰是个有爱与责任感的孩子，为了恢复暗岛国的光明，他用自己的智慧闯过重重关卡，最终获得了成功。

　　从王子阿冰解决问题的过程可以看出，在面对大量的文字线索时，他采用了画图的策略，把抽象的文字转化成直观形象的图，便于理解与推理；在面对多条信息时，他先确定能确定的，再采用排除的方法，减少干扰选项。同时，这也能启发孩子：当我们整理自己的推理过程和结果时，可以用连线画表格等方法梳理自己的想法。

　　逻辑推理能力是孩子在未来工作和生活中很重要的能力。孩子通过获取到的信息，进行判断、猜测、推理得出结论，最后解决问题。在这个过程中，孩子进行了简单、有条理的思考和探索，从而初步了解了推理的数学思想，感受数学思想的奇妙和作用，逐步形成有序且全面的思考问题的意识。

北京润丰学校小学低年级数学组长、一级教师　蒋慕香

思维导图

王子阿冰经历了重重难关，终于为暗岛国找回了消失很久的光明。他在寻找光明的路途中遇到了什么困难？又是如何一个又一个解决的呢？请看着思维导图，跟你的爸爸妈妈分享这个故事吧！

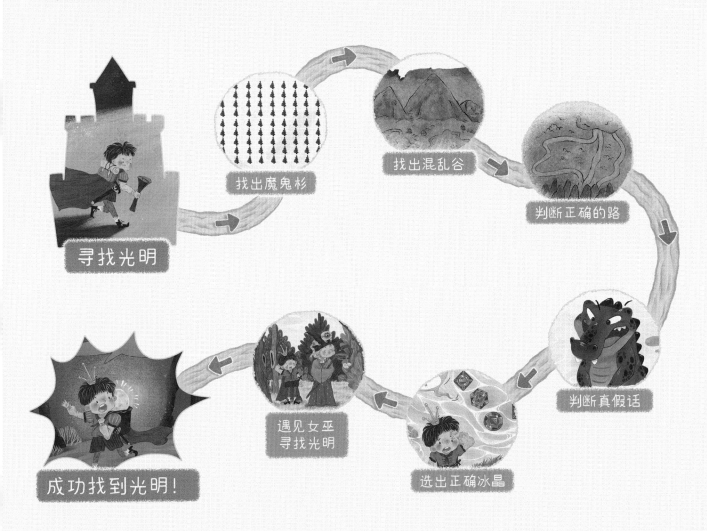

寻找光明

找出魔鬼杉

找出混乱谷

判断正确的路

判断真假话

选出正确冰晶

遇见女巫
寻找光明

成功找到光明！

数学真好玩

·鳄鱼的食物·

　　阿冰在回去的路上又碰见了鳄鱼，鳄鱼说只要阿冰能猜到它想吃什么，就放过阿冰。快来帮阿冰猜猜：鳄鱼想吃什么？请你把这个食物圈起来吧。

我想吃的那样东西，
外皮是绿色的，但它
不是蔬菜。

·谁是真正的松鼠杰克·

阿冰要感谢松鼠杰克给他提供魔鬼杉的线索，但他在云杉林里看见了好几只松鼠，谁才是帮过他的松鼠杰克呢？请你根据下面的几条线索，帮助阿冰找到真正的松鼠杰克，把它圈出来。

没有戴眼镜

戴着小帽子

有小胡子

不是灰色的

数学真好玩

·魔法光明阵·

　　阿冰用自己的聪明才智设计了一个魔法光明阵。在这个方格阵中，横排和竖排都是由不同的光源组成的，那空白处应该是什么图案呢？请你把正确图案旁的字母填在方格阵的空白处吧！

A.

B.

C.

D.

答案

P6～7

P8～9

P10～11

P16～17

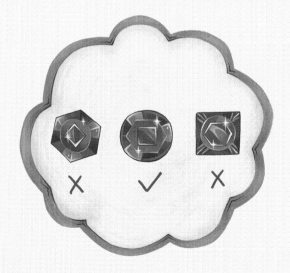

知识点结业证书

亲爱的＿＿＿＿＿＿＿＿小朋友，

恭喜你顺利完成了知识点"**逻辑推理**"的学习，你真的太棒啦！你瞧，数学并不难，还很有意思，对不对？

下面是属于你的徽章，请你为它涂上自己喜欢的颜色，恭喜你完成了所有知识点的学习！